疯狂的恐龙时代

恐龙

KONGLONG FANGYU DASHI

防御大师

崔钟雷 主编

北方联合出版传媒（集团）股份有限公司
万卷出版公司

前言 QIANYAN

　　一提起恐龙，你首先想到的是什么？是雄霸地球的传奇？还是天下无敌的力量？是那流传世间的神秘故事？还是博物馆里令人震惊的巨大骨架？有人对恐龙充满恐惧，也有人对恐龙极度着迷，更多的人对恐龙非常好奇。

　　准备好了吗？翻开这套《疯狂的恐龙时代》丛书，在严谨的科普知识、调侃的语言和逼真的图片中，了解这个曾经令人神往的远古时代，一起走进充满趣味和知识的恐龙王国。

编　者

疯狂的恐龙时代 FENGKUANG DE KONGLONG SHIDAI

CONTENTS 目录

埃德蒙顿甲龙

强大的武器

　　埃德蒙顿甲龙的身上覆盖着厚厚的甲板，头部呈三角形，头部虽然没有甲板，但是头上有拼图一样的骨板，能够起到保护头部的作用。除了厚重的甲板外，埃德蒙顿甲龙的身体两侧各长有一排尖锐的骨质刺，可以起到抵御掠食者的作用。

身体结构特点

　　埃德蒙顿甲龙的体形十分巨大，身长约 7 米，体重可达 4 吨。埃德蒙顿甲龙的身体宽扁，脖子很短，但是有一条长尾巴。

　　埃德蒙顿甲龙并不是无懈可击的，它们有什么弱点呢?

挑食的恐龙

　　埃德蒙顿甲龙的嘴部相当狭窄，因此它们可能十分挑食，一些汁液较多的植物可能是它们喜爱的食物。当旱季到来时，埃德蒙顿甲龙爱吃的植物就会枯死，这时，它们可能也会去啃食树皮或者坚硬的灌木。

埃德蒙顿甲龙的肚子上没有甲板,十分柔软,是其最大弱点。当埃德蒙顿甲龙受到攻击的时候,它们会趴在地上,以降低没有保护的肚子被攻击的可能性。

科普课堂

除了抵御掠食者的攻击外,埃德蒙顿甲龙同类之间也会互相争斗,其肩膀上致命的棘刺就是同类之间互相争斗的主要武器。埃德蒙顿甲龙的斗争行为,主要是为了夺取领地或配偶。

奥古斯丁龙

身体结构特点

　　奥古斯丁龙生活在白垩纪早期的南美洲，是一种蜥脚类恐龙。奥古斯丁龙具有蜥脚类恐龙庞大的身材，身长约15米，长脖子、长尾巴、小脑袋、巨大的身体是其最显著的特点。奥古斯丁龙的四肢十分粗壮，以四足行走。

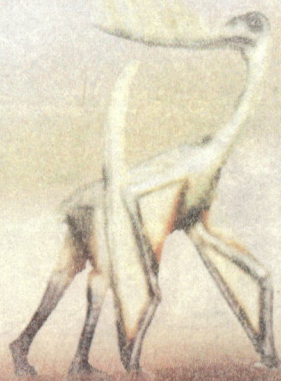

与其他蜥脚类恐龙相比，奥古斯丁龙的装甲有什么独特之处呢？

破碎的化石

　　目前发现的奥古斯丁龙化石很少，被发现的只有破碎的化石。在这些破碎的化石中包括背部、臀部及尾部的脊椎碎片，九块形状奇怪连于脊椎的骨板或尖刺，还包括后下脚的腓骨、胫骨及五块中骨。其中还有股骨，但都过于碎裂而难于搜集。

奥古斯丁龙背部有一连串宽尖刺和宽骨板,这些宽尖刺和宽骨板呈垂直分布,这是它们防御肉食性恐龙最好的武器。

知之甚少

与许多有装甲的蜥脚类恐龙一样,奥古斯丁龙的身上也有装甲,而且奥古斯丁龙身上的装甲十分独特。由于古生物学家发现的奥古斯丁龙的化石都是破碎的,因此人们除了知道这种恐龙身上有独特的装甲外,对这种恐龙了解得很少。

包·头·龙

身披铠甲

包头龙是一种体形庞大的甲龙类恐龙,从头部到身体都覆盖着坚硬的甲板。它的身体巨大,看上去像一辆坦克。

当包头龙的盔甲无法有效御敌时,包头龙会怎么办呢?

性情温驯

从外表上看，包头龙凶残可怕，但其实它的性情十分温驯。除非遭到攻击，否则它是不会轻易袭击其他动物的。包头龙没有门牙，在采食枝叶时，它会用喙状嘴将枝叶咬断，再用臼齿将枝叶磨碎。包头龙的胃部结构十分复杂，可以慢慢消化植物。

自包头龙的化石被发现以来，古生物学家发现的包头龙化石已经超过40具。其中一些化石保存得比较完整，这也使包头龙成为了人们了解最多的甲龙类恐龙。

包头龙的尾巴十分粗壮,尾巴末端有沉重的尾锤。当盔甲无法有效防御敌人时,包头龙会挥动尾巴抽打袭击者,沉重的尾锤能够给袭击者致命一击。

全副武装

包头龙几乎全身都披有甲板,甚至眼睑上都有。除了甲板,包头龙身上还长有尖硬的骨刺,看上去就像全身插满了匕首。有了这样的防身术,即使是再凶猛的肉食性恐龙,也不敢轻易地捕食它。

布拉塞龙

肯氏兽家族的晚期代表

布拉塞龙生活在三叠纪晚期，是肯氏兽科最晚的代表之一，也是当时体形最大的植食性动物。它们身长约 3.5 米，重约 2 吨。与布拉塞龙庞大的身躯相比，它们的四肢十分短小，但十分有力。布拉塞龙最与众不同的地方就在于它们拥有两个长牙和类似鸟喙一样的嘴，这种构造可以帮助它们啃食坚硬的植物。

摄食方式

古生物学家根据布拉塞龙长牙化石的磨损程度，推测出了布拉塞龙的一种摄食方式。布拉塞龙的长牙可能有掘地的作用，在旱季的时候，大部分地表植物已经枯萎，而植物的根部却能够储存水分。布拉塞龙能够利用獠牙把植物连根拔起，从而摄取食物。

小笨熊提问

布拉塞龙如何抵御掠食者的袭击？

布拉塞龙的长牙是其防御大型肉食性恐龙的最佳武器。此外,在遇到陆生掠食动物时,布拉塞龙会躲到水边,摆脱掠食者的攻击。

多刺甲龙

生活习性

　　多刺甲龙生活在白垩纪早期的欧洲，是一种甲龙类恐龙。多刺甲龙身长 4~5 米，体重 1~2 吨。多刺甲龙以低矮的蕨类植物为食，它们的身体很健壮，以粗壮的四肢缓慢行走。

目前，人们发现的多刺甲龙化石数量有限，尚没有完整的骨骼化石出土，古生物学家通过零碎的骨骼化石只能推断出多刺甲龙的部分身体特点，而对于其他重要信息的了解并不是很多。

小笨熊提问

在遇到肉食性恐龙进犯时，多刺甲龙会如何抵御呢？

发现过程

① 千百年来，日夜不息的海水冲刷着欧洲怀特岛岸边的悬崖峭壁。

② 松动、风化的石块不断掉落，一具多刺甲龙的化石"重见天日"。

③ 1865年，威廉·福克斯在发现这具化石的时候激动不已，虽然当时这具化石的很大一部分已经被卷入了大海中。

当肉食性恐龙攻击多刺甲龙时，多刺甲龙会迅速地趴在地上，保护柔软的腹部，然后再用身上的棘刺恐吓对方，使对方不敢靠近。

共生关系

在遥远的过去，多刺甲龙和禽龙曾经是非常要好的"异姓兄弟"，它们常常在同一地区活动，以提高抵御掠食者的能力，而且在迁徙的时候，它们多数时候也会"如影随形"。

奇特的骨甲

多刺甲龙最大的身体特点就是其臀部被真皮骨进化成的单一整体甲壳覆盖，有了这层骨甲，多刺甲龙的身体后部即使是遭到攻击，也不会有致命的危险，同时又与身体前部的锋利钉刺形成了全方位的防护体系。

楯甲龙

体形特点

楯甲龙又名蜥结龙、蜥肋螈，生活在白垩纪早期的北美洲。楯甲龙的头顶并非圆顶状，虽然很厚但十分平坦，头颅骨呈三角形，口鼻部后端较宽，向前方逐渐变尖，嘴部为喙状，上下颌中有叶状牙齿。

尾巴特点

楯甲龙的有一条很长的尾巴，几乎占了整个身长的一半。而且楯甲龙的尾巴拥有骨化肌腱，所以十分硬挺。

你知道楯甲龙身上的尖刺是如何分布的吗?

挑食的恐龙

楯甲龙主要以低矮处的植物为食,但古生物学家推测它们是很挑食的。针叶树与苏铁植物可能是楯甲龙最喜欢的食物。

25

性情温和

　　楯甲龙是性情温和的植食性恐龙，虽然它们性情温顺，但是想要攻击它们也是十分不易的。楯甲龙唯一的弱点就是它们柔软的腹部，但是遇到掠食者的时候，楯甲龙会蜷起自己的身体，将骨板朝外，此时的楯甲龙就像一个长满刺的球，多数掠食者都会因为无从下口而放弃猎食这种恐龙。

　　遁甲龙背部与尾巴上覆盖着小型骨质棱甲，而身体左右两侧各有一排大型圆锥状鳞甲。臀部上方的小棱甲与大型圆锥状鳞甲互相紧密交错，形成荐部装甲。

除了甲板，楯甲龙的身上还长有尖刺。楯甲龙的尖刺从颈部开始一直延伸到臀部，靠近肩膀的位置尖刺最长，往后逐渐缩短。

豪勇龙

长相奇特

豪勇龙又叫无畏龙，是一种长相奇特的恐龙。豪勇龙的脖子柔软，活动起来十分自如。豪勇龙最明显的特点就是从背部一直延伸到尾部的帆状突起物，内部由神经棘支撑，帆状物在前肢位置达到最高。

豪勇龙背部的帆状物有什么作用呢?

牙齿特点

豪勇龙没有门齿,但两颊处有很多牙齿。豪勇龙还有一排供替换用的牙齿,而其近亲禽龙则有多排牙齿可供替换。

生活习性

豪勇龙是一种植食性恐龙，与大多数恐龙相比，豪勇龙的前肢较长，长度大约是后肢的一半，因此它们的前肢也具备行走能力。豪勇龙的后肢长且有力，能够支撑其身体，因此它们既可以以后足行走，也可以以四足行走。

秘密武器

豪勇龙虽然不聪明，反应也不算快，但是在抵御掠食者时，它们也有秘密武器。豪勇龙的前肢上有尖爪，平时能够钩起树叶，但在关键时刻，尖爪也能够帮助其抵御掠食者。

豪勇龙背部的帆状物能够起到调节体温的作用,也可以作为视觉展示物来吸引异性。豪勇龙背部的帆状物使其看起来十分庞大,因此还能够吓退掠食者。

食性猜测

豪勇龙复杂的牙齿结构显示其可能以树叶、水果、种子等营养价值较高的植物为食。还有一种观点认为,豪勇龙的喙状嘴较宽,能够以大量低营养价值的植物为食。

厚鼻龙

外形特点

厚鼻龙最显著的特征就是鼻子上有巨大而且平坦的隆起物,而不是角状物,这也是其得名原因。厚鼻龙的眼睛上方也有一对小型隆起物,这些隆起物可能是用来对抗敌人的。厚鼻龙头部后方有头盾,能够保护头部。

不断了解

　　厚鼻龙的化石于 1950 年在加拿大亚伯达省被发现，并于同年被命名。随后又在同一地区发掘了大量的厚鼻龙化石，但是直到 1980 年，古生物学家才开始研究这些化石。随着人们对厚鼻龙的不断了解，人们对厚鼻龙的兴趣也不断增加。

小采熊提问

　　厚鼻龙是一种角龙类恐龙，那么厚鼻龙的角有什么特点呢？

生活习性

　　厚鼻龙的身体十分笨重,它们只能以四足行走。厚鼻龙是一种植食性恐龙,它们的喙状嘴能够帮助其啃咬植物。厚鼻龙还有数百颗边缘呈凿状的牙齿,以坚硬且富含纤维的植物为食。

　　古生物学家曾在同一处化石埋藏地点发掘出成年厚鼻龙和幼体厚鼻龙化石,这说明厚鼻龙可能有照顾后代的习性。

小笨熊解密

厚鼻龙的头盾后方有一对向上延长生长的角,角的形状与大小因为年龄、性别、个体的不同而不同,厚鼻龙的角既能吸引异性,也能够起自卫作用。

大众文化

随着人们对厚鼻龙的了解不断加深,厚鼻龙的形象也慢慢开始出现在大众文化中。在电影《恐龙》和《历险小恐龙》中,你会看到厚鼻龙的身影。厚鼻龙还被选为2010年北极地区冬季运动会的吉祥物。

绘龙

独特的特征

绘龙生存于白垩纪晚期，是一种体形中等的甲龙类恐龙，身长约五米。绘龙最独特的特征就是鼻孔附近有 2~5 个额外的洞，呈上下排列，不同的恐龙，洞的数量是不固定的，目前还没有理论能够说明这些洞有什么具体功能。

坚硬的盔甲

对于植食性恐龙来说，长着粗短的四肢可不是一件好事儿。对于掠食者来说，它们的腿可能就像火腿一样美味。于是，甲龙类恐龙决定改变自己。它们身上的骨质硬甲使它们变得既硬又难以消化，这会让掠食者感到难以下咽。因此，不到万不得已的时候，掠食者是不会轻易猎食它们的。

小笨熊提问

在面对掠食者攻击的时候，绘龙会如何防御呢？

群体生活

绘龙的化石发现于蒙古和中国,是在亚洲地区发现的最著名的甲龙类恐龙化石。目前已发现的绘龙化石超过 15 具,其中,有两个未成年绘龙集体死亡的化石,这说明绘龙可能是一种群体生活的恐龙。

绘龙的身上长满了骨质硬甲,长长的尾巴末端长有骨锤,这些都是它们抵御掠食者的武器。此外,群体生活的绘龙还会利用团体的力量来战胜强大的掠食者。

戟 龙

外形特征

　　戟龙身长约 5.5 米, 体重约 2.7 吨。相比巨大的头颅, 戟龙有笨重的身体和短小的四肢, 它们的尾巴也相当短。戟龙的颚部前端具有纵深、狭窄的喙状嘴, 被认为较适合抓取、拉扯, 而非咬合。

生活方式

　　戟龙是一种群居性动物,会与鸭嘴龙、厚鼻龙、三角龙等植食性恐龙共同生活,戟龙有时候还会有大规模的迁徙活动。

小笨熊提问

　　戟龙是一种植食性恐龙,它们在取食时有什么特点呢?

头盾的功能

　　长久以来,戟龙头盾的功能一直是人们争论的主题。除了用来自卫,戟龙的头盾很可能是用来吸引异性的,也可能有调节体温的功能。

戟龙的头部高度较低，所以戟龙主要以低处的植物为食。但有时，戟龙也会用头盾和身体将高大的植物撞倒，然后取食原本长在高处的植物。

复杂的头部装饰

戟龙的头部长有巨大的头盾，头盾上长有 4~6 个长角，两颊各有一个较小的角，鼻部长有一根直立的尖角。这种复杂的头部装饰，使戟龙成为了拥有最独特面部装饰的恐龙之一，这也让它们很容易被辨认。

既温顺又凶猛

　　戟龙的性情温顺，但面对凶猛的肉食性恐龙，即使是霸王龙，戟龙也会勇敢地与其对抗，甚至敢于反击。被戟龙的鼻角顶中是致命的伤害，很多时候戟龙不用参战，它们只需要晃晃满头的尖角就能吓退进攻者。

戟龙的牙齿呈齿系排列，它们的牙齿十分锋利，能够咬断坚硬的植物。当旧的牙齿磨损严重时，新的牙齿会不断生长来替换旧的牙齿，而且这种生长是终生的。

加 斯 顿 龙

加斯顿龙不像一些甲龙类恐龙一样有尾锤,那么它们怎么抵御敌人呢?

同类争斗

加斯顿龙有同类争斗的现象,它们会用头部互相撞击,它们这样做的目的是为了争夺地盘或者是配偶。

不好惹的家伙

　　加斯顿龙是一种以四足行走的甲龙类恐龙，一身的盔甲限制了它们的行动，但是加斯顿龙也不是好惹的，一般的掠食者是不敢轻易去冒犯它们的，只有那些性情凶猛的或长时间找不到猎物的掠食者才会选择袭击加斯顿龙。

活碉堡

　　加斯顿龙的外形就像一座活碉堡,从头到尾都成排地覆盖着刀片一样的巨大棘刺,肩膀上还有巨大的尖刺。加斯顿龙的头部呈圆盔状,并且十分厚,能够很好地保护头部。

加斯顿龙虽没有尾锤,但是它们的尾巴上长有棘刺。当受到敌人攻击的时候,加斯顿龙只要用力地挥舞尾巴,就会给对手造成重伤。

剑角龙

头骨的作用

　　剑角龙的头骨最初被认为是雄性剑角龙之间互相撞击时使用的。后期的理论认为,剑角龙的头骨是用来抵御掠食者的。厚重的头骨也能够起到保护头部的作用。

肿头龙类

　　剑角龙并不是角龙类恐龙，而是一种肿头龙类恐龙。剑角龙身长约2.5米，体重53千克。头上的骨质圆顶是剑角龙最主要的辨认特征。剑角龙的背部十分强壮，后腿上长满了肌肉。

小棕熊提问

　　剑角龙的头骨在外形上有什么特点？

小个子大脾气

剑角龙是一种以后足行走的植食性恐龙,主要采食树的嫩叶和芽。剑角龙的个子虽然不大,但是它们也是不好惹的,剑角龙的头盖骨就是它们防御敌人最有力的武器。如果受到剑角龙头骨猛烈的撞击,那么对方不是断根肋骨就是断条腿。

科学家推测,雄性剑角龙之间应该是以头部侧面相互撞击的。这样做不仅能够减少正面撞击的接触面,还能够减少冲撞的力道,从而保护内部器官。

小笨熊解密

　　剑角龙的头骨呈半圆形，又厚又圆，能够盖住眼睛和后脖颈，由许多小型骨块组成。随着年龄的增长，剑角龙的头骨也会变得越来越厚。

结节龙

外形特点

结节龙的身体浑圆,十分笨重,身长 4~6 米,体重能达到 28 吨,行动起来十分缓慢。结节龙的头部小而狭窄,口鼻部很尖,牙齿很小,颈部和四肢都很短,但是有一条长而坚硬的尾巴。

防御方式

结节龙的尾巴上没有骨锤,因此它们只有很少的结构能够用来防御掠食者。在受到掠食者攻击的时候,结节龙会趴在地上,用背部及身体两侧的尖刺来吓退敌人。结节龙的防御方式与今天的刺猬类似,或许,这是结节龙偷偷告诉刺猬的。

小笨熊提问

结节龙是北美洲最早的装甲恐龙之一,它们的装甲是什么样的呢?

科普课堂

　　结节龙类与甲龙类同属甲龙亚目，但是结节龙类恐龙较灵巧，甲龙类恐龙较笨重；而且结节龙类恐龙尾巴上没有骨锤，而甲龙类恐龙的尾巴上有骨锤。

　　结节龙类恐龙的分布范围比较广，它们分布在欧洲、北美洲、大洋洲，甚至可能还分布在南美洲和南极洲。白垩纪早、中期，结节龙类恐龙的种类和数量都很丰富，但是此后还是衰退了，只有北美洲的少数种类生存到了白垩纪晚期。

结节龙的身体表面覆盖着皮状骨板，身体两侧各有一排尖刺，背部的皮状骨板以一层薄、一层宽的环状方式排列，较宽的皮状骨板上有骨质瘤。

食物猜测

结节龙是一种植食性恐龙。由于结节龙的牙齿很小，因此它们很可能以软植物为食。但是结节龙也可能会吞食一些胃石来帮助消化坚硬的植物，又或者结节龙有一个强大的消化器官能够消化坚硬的植物。

巨刺龙

身体特征

巨刺龙是一种中型剑龙类,生活在晚侏罗纪时期的中国。巨刺龙身长约 4.2 米,体重约 700 千克。巨刺龙头部相对较大,颈部短而粗壮。巨刺龙下颌每边约有 30 颗牙齿,能够很好地咀嚼食物。

巨刺龙最明显的身体特征是什么？

第二个"大脑"

巨刺龙的臀骨里有一个神经球,神经球能够控制后肢和臀部的运动,臀骨处还有一个腺体,能够提供额外的能量。正因如此,古生物学家认为,巨刺龙的尾巴上还存在第二个"大脑"。当然,这只是古生物学家的错误认识而已。

生活习性

巨刺龙是一种植食性恐龙,主要以四足着地的方式行走,食用低矮处的植物。但是巨刺龙的后肢十分强壮,足以支撑全身的重量,因此,巨刺龙有时会用后足站立起来采食高处的植物。

小笨熊解密

巨刺龙的属名意为"有巨大棘刺的蜥蜴",从这个属名能够看出,巨刺龙最明显的身体特征就是长有大型尖刺,尖刺的长度能达到肩胛骨长度的两倍。

巨刺龙的尾巴十分灵活，能够自如地向两边摆动，当有掠食者从侧面攻击巨刺龙的时候，巨刺龙会挥动尾巴抽打掠食者。

开角龙

角龙类

开角龙生活在白垩纪晚期的北美洲,是一种角龙类恐龙。目前发现的所有开角龙化石都来自于加拿大亚伯塔省的恐龙省立公园。开角龙主要有三只角,一只长在鼻端,两只长在前额,角的长短随着种类的不同而不同。

小笨熊提问

开角龙的头部后方拥有大型头盾，它们的头盾是什么样子的？

你知道吗

开角龙的头盾虽然很大，但是很薄，不能起到抵御掠食者的作用，头盾或许可以用来调节体温。开角龙的头盾可能拥有较鲜艳的颜色，用以引起其他恐龙注意或求偶。

恐龙防御大师

防御方式

　　开角龙通常是集群活动的,当受到像霸王龙这样大型肉食性恐龙攻击的时候,成年雄性开角龙会围成一个圈,头盾向外,将雌性的、未成年的以及年老的开角龙围起来,形成一个强大而又可怕的阵势。在这种情况下,即使是凶猛的霸王龙也不会贸然进攻。

素食主义者

　　开角龙是完全的素食主义者,其面部和嘴部通常较长,古生物学家因此推测,开角龙可能在采食植物的时候会有更多的选择权。

开角龙的头盾呈心形，又大又长，头盾的中央包含两块大洞孔。有些开角龙的头盾上还有一些小型头盾缘骨突，从头盾的边缘向外延伸。

科 阿韦拉角龙

身体特点

科阿韦拉角龙的身长约五米,体形十分壮硕。科阿韦拉角龙的额头上有两只弯曲的角,颈部还有一个向上翘起的颈盾,颈盾主要是用来求偶或吓走掠食者的。

科阿韦拉角龙四肢粗短,行走时身体位置很低,这样不仅方便它们采食低矮的蕨类植物,更有利于它们在抵御猎食者的过程中发挥额角的攻击能力。

为什么科阿韦拉角龙能以坚硬植物为食呢?

牙齿特点

科阿韦拉角龙的牙齿排列成很多列,当它们的牙齿磨损较为严重的时候,新的牙齿会不断生长,替代磨损的牙齿,以保证进食效率。

命名原因

　　考古学家在墨西哥科阿韦拉州发现了一只成年科阿韦拉角龙的部分身体骨骼化石和头颅骨化石，还有一只幼年科阿韦拉角龙的骨骼化石，这种恐龙也以发现地的名字被命名为科阿韦拉角龙。

　　科阿韦拉角龙有一个巨大的喙嘴，啃咬植物时十分有力。科阿韦拉角龙口中还有数百颗边缘为凿状的牙齿，能够磨碎坚硬植物的叶子。

肯氏龙

骨板和尖刺

肯氏龙又名钉状龙,体长五米左右,颈部至背部长有狭长的骨板、背部至尾端长有钉子一样的尖刺。可以说,钉状龙这个名字恰如其分地描述出了这种恐龙最大的外形特点。

寻找食物

与同时期的大型植食性恐龙相比,肯氏龙算是"小不点儿"了,但肯氏龙寻找食物的能力并不逊色。它们不与大型植食性恐龙争抢,而是以低矮植物为食,即便在干旱季节,肯氏龙也能找到埋在土壤中的植物根茎为食。

小笨熊提问

肯氏龙的骨板和尖刺有什么样的排列形式?

对付猎食者

骨板和尖刺相结合的防御系统是肯氏龙在面对大型肉食性恐龙时最有效的武器,靠近肯氏龙的肉食性恐龙随时有受伤的危险。一旦遭到肯氏龙满是尖刺的尾巴的扫击,肉食性恐龙遭到的打击将会是致命的。

肯氏龙背部至尾端的尖刺是纵向生长的,骨板和尖刺都分成两列对称排列。除了骨板和纵向生长的尖刺,肯氏龙的前肢或臀部两侧还长有两个横向生长的尖刺。

进食方式

肯氏龙嘴中长有细密的颊齿,能够咬断蕨类植物或是低矮的灌木树叶。所以即便嘴部很小,肯氏龙也有足够高的进食效率保证身体的能量需要。

共生现象

①肯氏龙通常和腕龙或叉龙这类体形庞大的恐龙生活在一起，这是恐龙世界中奇特的共生现象。

②肯氏龙与其他大型植食性恐龙采食不同高度的植物，不会出现争抢食物的现象，它们的共生关系是很"和谐"的。

③一旦遇到猎食者的袭击，肯氏龙会背对猎食者挥动尾巴，将其他恐龙围在中间或"掩护"其"撤退"。

④即便猎食者突破了肯氏龙的"第一道防线"，体形巨大的植食性恐龙也并不是好对付的。

与剑龙的对比

肯氏龙是剑龙的近亲，但肯氏龙的体形要比剑龙小很多，而且肯氏龙的身体更灵活。骨板和尖刺的区别是肯氏龙与剑龙之间最大的区别，肯氏龙除了长有骨板外，整个尾巴上都长有尖刺，而剑龙只在尾端有尖刺。

肯氏龙的四肢粗短，是一种行动缓慢的恐龙。近来研究显示，肯氏龙可能偶尔会用后足站立起来吃灌木的树枝和树叶，但肯氏龙的正常姿态是四足着地的。

棱背龙

早期装甲恐龙

侏罗纪时期,巨大的肉食性恐龙无处不在,植食性恐龙必须小心地避开巨大的肉食性恐龙。大约也是在这个时期,身形较大的植食性恐龙开始进化出装甲,棱背龙就是最早的装甲恐龙之一。

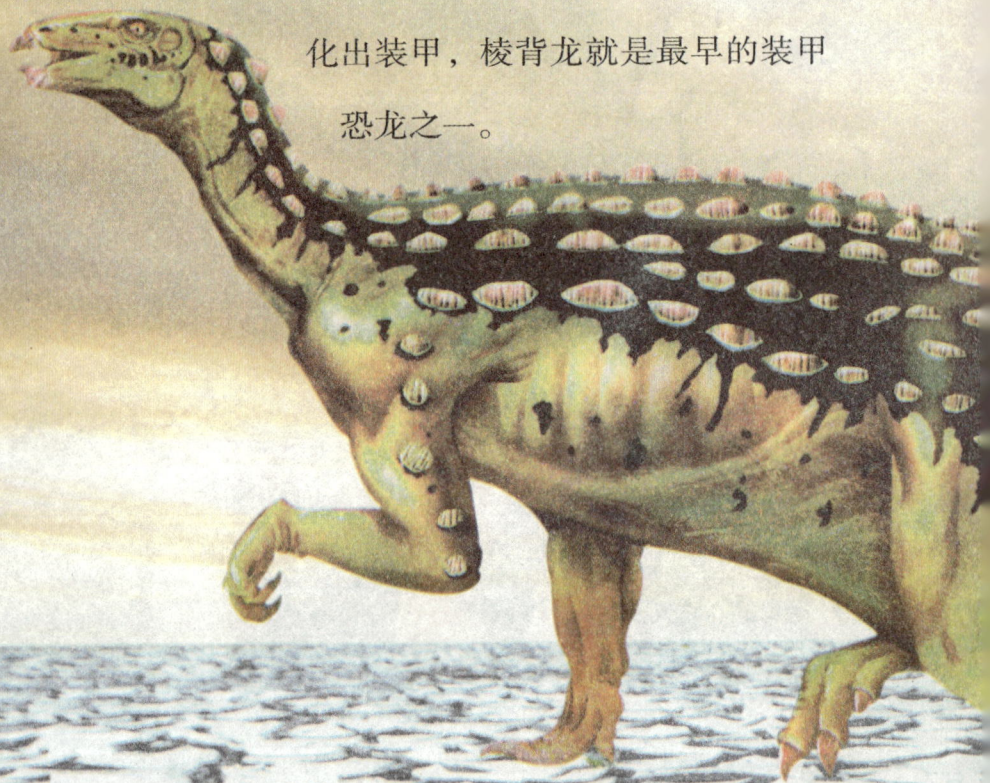

外形特点

棱背龙的大小与一头小牛相当,它们全长约四米,脑袋很小,身体浑圆,四肢粗短,看上去十分笨拙。但是棱背龙有一条长而灵活的尾巴,尾巴的长度甚至超过了整个身长的一半。

小彩熊提问

恐龙世界是一个弱肉强食的世界,棱背龙是如何在这种环境下生存的呢?

小笨熊解密

虽然棱背龙体形较小、行动笨拙，但它们可以利用装甲保护自己，而且棱背龙身体位置较低，可以很好地保护腹部这一薄弱部位。

辨认要诀

棱背龙又叫踝龙，其最主要的辨认要诀就是脊背的皮肤上布满一排排骨质硬疖，从后脑盖一直延伸到尾尖。这些藏在角质内的硬疖，实际上是相当尖锐的。即便棱背龙没有反击肉食性恐龙的能力，但肉食性恐龙如果贸然攻击棱背龙，最后可能也会受伤。

古生物学家认为，棱背龙在进食时，上颌基本不动，而是以下颌上下移动、让牙齿与牙齿间产生刺穿—压碎的动作来完成的。

美甲龙

亚洲甲龙

　　美甲龙，又名赛查龙、梅甲龙，是一种甲龙类恐龙。美甲龙生存于白垩纪晚期，其化石发现于蒙古南部，与其生活在同一时代、同一地区的恐龙有绘龙。

美甲龙的鼻孔后方长有盐腺,对于美甲龙来说,盐腺有什么作用呢?

你知道吗

库尔三美甲龙是美甲龙的一种，已发掘出的骨骼化石包含一个头颅骨、颈椎、背椎、肩带、前肢、以及某些装甲。其他相关标本则包含一个破碎的头颅骨顶部与装甲，以及一个几乎完整、尚未被叙述的骨骼与头颅骨。

体形笨重

美甲龙身长约 6.6 米，体形十分笨重。笨重的体形使其后足不足以支撑其整个身体的重量，因此美甲龙只能以四足着地的方式行走。美甲龙的头骨具有复杂的鼻管，它还长有骨质次生颚。

名字含义

美甲龙的名字在蒙古语中是"美丽"的意思，可能是因为美甲龙有鲜艳的体色。

美甲龙喜欢生活在炎热而潮湿的环境中，但这并不代表美甲龙不会到干燥的地方去。美甲龙的盐腺使其即使处在干燥的环境中，也能呼吸潮湿的空气。

铠甲勇士

美甲龙的头顶长有硬质骨板，整个背部也被成排的甲片保护着，其身体两侧还长有长尖刺，尾巴末端具有尾槌，可以左右晃动攻击进犯者。

敏迷龙

全副武装

　　与很多甲龙一样,敏迷龙的身上也覆盖着骨质鳞甲。但与很多甲龙不同的是,敏迷龙的腹部也有甲片,就像一个身着盔甲的军人,可以说是真正的全副武装。除了甲片,敏迷龙的背部还有突起的骨板,尾巴两侧还有棘刺。

目前为止，古生物学家只发现过两具敏迷龙的骨架化石。1990年发现的第二具骨架给研究工作带来了希望，使古生物学家才对敏迷龙有了进一步了解。

小灰熊提问

敏迷龙身上的鳞甲有多种形态，你知道它们是怎样的吗？

小笨熊解密

　　敏迷龙口鼻部覆盖着小型没有棱脊的鳞甲，颈部与肩膀覆盖着小型有棱脊的鳞甲，臀部和尾巴上覆盖着有棱脊的三角形鳞甲。

食物类型

从敏迷龙腹部的食物残渣发现，敏迷龙是一种植食性恐龙，以植物的叶子、种子，以及一些小型果实为食。敏迷龙有尖锐的喙状嘴，能够割断植物或果实的梗，嘴里有叶状的小牙，牙齿的边缘呈锯齿状，能够咀嚼植物。

"胆小鬼"

敏迷龙身上的鳞甲和棘刺能够起到一定抵御掠食者的作用，但是敏迷龙并不会冒这个险。在面对掠食者的时候，敏迷龙会采取消极的防御方式，它们会像"胆小鬼"一样逃跑。

冥河龙

奇怪的外表

冥河龙的相貌十分怪异,似羊非羊,似鹿非鹿。冥河龙的头骨十分厚重,头部有一个坚硬的半圆形顶骨,在其周围还布满了尖刺状的角。冥河龙的口鼻部也布满了坚硬的骨板。此外,冥河龙还有一个坚硬的长尾巴。

有效的预警机制

　　古生物学家在冥河龙的栖息地发现了霸王龙、艾伯塔龙等大型肉食性恐龙的化石，这表明，冥河龙的生存受到了威胁。群居生活的冥河龙必须建立有效的预警机制来抵御随时可能来犯的肉食性恐龙，而在冥河龙群体中，那些机警而又敏捷的冥河龙通常负责警戒任务。

小来熊提问

　　在面对敌人的时候，冥河龙有两个必胜的绝招，你知道是什么吗？

古生物学家们分析，冥河龙的尖角很可能是群体中雄性间的争斗武器，圆顶可以抵御猛烈的冲击，角刺则用来相互碰撞，充当御敌的武器。

生活习性

至今发现的冥河龙化石只有头骨化石和一些零碎的身体化石，所以我们对这种恐龙知之甚少，但这并不影响我们了解这种恐龙。冥河龙生活在陆地上，是一种群居的植食性恐龙。冥河龙细小的前肢不具备行走能力，因此它们很可能以后足行走。

小笨熊解密

　　冥河龙的第一个绝招是用厚厚的脑壳猛烈地撞击敌人；另一个绝招就是用尖角刺进敌人的身体里，使对方血流不止。

沱 江 龙

沱江龙的背板那么整齐霸气，
其具体功能是什么呢？

醒目的背板

生活在中国的沱江龙与同时代生活在北美洲的剑龙有着极其密切的亲缘关系。沱江龙从脖子、背脊到尾部，生长着 15 对三角形的背板，比剑龙的背板还要尖利。在短而强健的尾巴末端，还有两对向上扬起的利刺，这些都是用来攻击所有企图靠近它们的肉食性敌人的。

沲江龙，意思是"产自沲江地区的爬行动物"。1974年，重庆博物馆主持一项发掘计划，在发现的将近10吨的恐龙化石中，古生物学家复原出了一具沲江龙的化石，这也是有史以来所发掘到的第一只完整的剑龙类骨骼。

恐龙防御大师

身体构造

沱江龙的头颅骨低矮而狭窄、背部高耸、四肢结实。臀刺与尾刺可能覆有角质。尺骨短而厚重。沱江龙的脊椎没有可供肌肉附着的长神经棘，因此可能无法用后脚站立。

多棘沱江龙

沱江龙目前只有一个种，即模式种多棘沱江龙。它是在 1977 年被命名，正好是剑龙属被命名的 100 年后。目前只发现两个标本，其中一个是超过一半完整的骨骸。

沱江龙的背板可以用于采集阳光，它们就像太阳能板那样，吸取热量。当背板中血液的温度升高时，热量就通过血管流遍全身，帮助沱江龙尽情享受日光浴。

经研究，沱江龙可能以低矮处粗糙的植被为食。但它们的牙齿不能充分地咀嚼那些粗糙的食物，因此沱江龙在采食植物的时候会吞下一些石块，这些石块能够捣碎胃中的食物。

乌尔禾龙

小笨熊提问

与其他剑龙类恐龙相比，乌尔禾龙有什么特别之处呢？

剑龙类恐龙

乌尔禾龙生存于白垩纪早期,是一种剑龙类恐龙,化石发现于中国新疆地区。乌尔禾龙的体形较小,身长约六米,体重将近三吨。乌尔禾龙以四足行走,主要食用蕨类植物。

科普课堂

目前已被发掘的乌尔禾龙化石很少，而且还都发现在中国境内，因此乌尔禾龙是名副其实的亚洲恐龙。

对于乌尔禾龙的研究，一直以来都不明确。古生物学家只发现过这种恐龙的少数骨骼化石，因此对它的认识在一定程度上是猜测的结果。所以乌尔禾龙对我们来说还有很多未知和神秘之处，它们的辨认要诀也是不详。

甲板和尖刺

　　乌尔禾龙的身上有很多剑龙类恐龙的特点,例如它们的背部有一系列三角形的甲板,尾部末端还对称分布着两对尖刺,这些甲板和尖刺都是乌尔禾龙用来自卫的"武器"。有了这些"武器",即使是大型肉食性恐龙,也不敢轻易对乌尔禾龙采取进攻。

小笨熊解密

　　乌尔禾龙的身体要比其他剑龙类恐龙的身体低矮,古生物学家认为,这是为采食低矮处植物而进化出来的。另外,与其他剑龙类恐龙相比,乌尔禾龙的骨板更短,也更圆。

无鼻角龙

外形特点

无鼻角龙生活在白垩纪晚期的北美洲和亚洲,是一种角类龙恐龙,化石发现于加拿大的艾伯塔省。无鼻角龙的前额上有两只长度中等的角,宽阔的颈部后方还有一个大型颈盾,颈盾上有两个椭圆形的开口。

无鼻角龙是不是真的像它们
名字描述的那样没有鼻角呢?

无鼻角龙的灭绝

　　无鼻角龙是植食性的，主要以蕨类、苏铁以及松科等裸子植物为食。但是在无鼻角龙生存的白垩纪晚期，这些裸子植物已不再是优势植物。随着食物的慢慢消失，无鼻角龙灭绝了。

小笨熊解密

　　古生物学家在发掘无鼻角龙的化石时并没有发现鼻角，但后来，古生物学家发现无鼻角龙与其近亲三角龙一样有鼻角，只是它们的鼻角比其他角龙类恐龙短且钝。

锋利而弯曲的额角

能够咬碎叶子

的锋利的喙状嘴

野牛龙

钩状鼻角

野牛龙巨大、弯曲的鼻角可用来大力地掘取植物,弯曲的喙嘴也有利于啃咬植物,丰富的食物才能让身长6米的野牛龙填饱肚子。

霸气的外貌

野牛龙有一个向前弯曲的鼻角，看上去就像一个开瓶器。野牛龙最引人注目的地方就是颈盾，它们的颈盾是实心的，边缘呈波浪状。此外，野牛龙的颈盾顶端还有两只尖尖的、向上生长的长角，十分醒目。

小棕熊提问

野牛龙长有两只尖角，这样的尖角有何用途？

花边颈盾

　　野牛龙带有花边的颈盾在一定程度上装饰了自己，它们用自己特有的颈盾和大角一起，对异性发起爱的进攻。

野牛龙的两个向上的尖角十分引人注目，尖角或许可用来搏斗，也可用来吸引异性的注意力，表达求偶的意向。

食性特点

野牛龙是植食性恐龙，喜欢生活在温暖以及半干燥的森林中。在野牛龙生存的年代，开花植物的范围十分有限，因此它们可能以蕨类植物、苏铁植物和松科植物为食。

集群生活

　　1985 年,科学家在美国同一地点发现了 15 只野牛龙的骨骼化石,这些骨骼化石是野牛龙遭遇洪水或者山体滑坡后被埋形成的,这显示野牛龙是一种集群生活的恐龙。

四肢的蹄状爪

　　蹄状的四爪可大大增强野牛龙快跑时的平稳性，防止摔倒。在躲避其他种类恐龙的攻击时，这无疑帮助它们成为恐龙中的"野跑跑。"

鸟鳄的成长故事

一只小鸟鳄出生了。

妈妈精心地照料他。

鸟鳄长大了，决定独自闯荡。

鸟鳄在与引鳄争夺食物的时候受伤了。

龟龙告诉他要勇敢面对。

鸟鳄不断成长，成为三叠纪早期最厉害的食肉动物。

鸟鳄被认为是肉食性恐龙的祖先。

ⓒ　崔钟雷　2013

图书在版编目(CIP)数据

恐龙防御大师 / 崔钟雷主编. ---沈阳：万卷出版
公司，2013.10（2019.6 重印）
　　（疯狂的恐龙时代）
　　ISBN 978-7-5470-2585-7

　　Ⅰ.①远… 　Ⅱ.①崔… 　Ⅲ.①恐龙－儿童读物 　Ⅳ.
①Q915.864-49

中国版本图书馆 CIP 数据核字（2013）第 151283 号

出版发行：北方联合出版传媒（集团）股份有限公司
　　　　　万卷出版公司
　　　　　（地址：沈阳市和平区十一纬路 29 号 邮编：110003）
印　刷　者：北京一鑫印务有限责任公司
经　销　者：全国新华书店
开　　　本：690mm×960mm　1/16
字　　　数：100 千字
印　　　张：7
出版时间：2013 年 10 月第 1 版
印刷时间：2019 年 6 月第 4 次印刷
责任编辑：张　黎
策　　划：钟　雷
装帧设计：稻草人工作室
主　　编：崔钟雷
副 主 编：王丽萍　张文光　翟羽朦
ISBN 978-7-5470-2585-7
定　　价：29.80 元

联系电话：024-23284090
邮购热线：024-23284050/23284627
传　　真：024-23284521
E－mail：vpc_tougao@163.com
网　　址：http://www.chinavpc.com